A BRIEF HISTORY OF OCEANS FOR CHILDREN

海洋简史

少年简读版 ①

干焱平 ◉ 主 编

青岛出版集团 | 青岛出版社

图书在版编目（CIP）数据

海洋简史：少年简读版 . 1 / 干焱平主编 . —青岛：青岛出版社，2024.4
ISBN 978-7-5736-2097-2

Ⅰ . ①海… Ⅱ . ①干… Ⅲ . ①海洋－文化史－世界－少年读物 Ⅳ . ① P7-091

中国国家版本馆 CIP 数据核字 (2024) 第 058049 号

HAIYANG JIANSHI （SHAONIAN JIANDU BAN）

书　　　名	**海洋简史（少年简读版）**
主　　　编	干焱平
副 主 编	刘晓玮
出 版 发 行	青岛出版社（青岛市崂山区海尔路 182 号）
本 社 网 址	http://www.qdpub.com
责 任 编 辑	唐运锋　李康康
助 理 编 辑	胡肖肖
封 面 设 计	刘　帅
排　　　版	青岛艺鑫制版印刷有限公司
印　　　刷	青岛新华印刷有限公司
出 版 日 期	2024 年 4 月第 1 版　2024 年 4 月第 1 次印刷
开　　　本	16 开（889mm×1194mm）
印　　　张	20
字　　　数	400 千
书　　　号	ISBN 978-7-5736-2097-2
定　　　价	136.00 元（全四册）

编校印装质量、盗版监督服务电话　4006532017　0532-68068050

前言
PREFACE

海洋是人类文明的摇篮。从人类诞生开始，海洋就是不可忽略的存在。和海洋相比，人类的历史长度不过寥寥。可以说，海洋的痕迹深深印刻在人类历史的每个阶段，而人类也以此构建了海洋文明。从食鱼果腹到使用海贝作为钱币和装饰品，从鱼叉到现代化航母……不论是野蛮的原始部落时期，还是发达的帝国城邦时期，人和海洋的缘分一直彼此缠绕，无法分离。

地球上有太多的生物依靠海洋的馈赠而活。人类在历史中砥砺前行，文明的发展离不开海洋的慷慨。不过，海洋有时也有自己的脾气，惊涛骇浪、潮灾海啸、侵蚀海岸……这些无可避免的灾难，展示着海洋摧枯拉朽的强大力量，提醒着人们要有敬畏之心。当然，人类也以不可思议的速度，将自己的身影根植在海洋的历史之中。航行、潜水、灯塔、海盗、渔场、航母……人类以独特的智慧，依靠海洋创造出了丰富厚重的文明历史。

以自然风光和文明之光做笔，描绘一幅关于海洋的美丽长卷。这本《海洋简史》，有渔民生活、海洋帝国，也有古船港口、海洋科技……将多姿多彩的海洋文明用简洁而翔实的文字叙述，用精美而多彩的画作描绘，只希望读者能更加了解海洋的文明。在这颗大部分被海洋所覆盖的星球上，海洋与人类、与文明交相辉映，我们将在这里一一呈现，只等你来感受与探索。

目 录
CONTENTS

第三章
馈赠与灾难

第一章 我们的海洋

海洋，蔚蓝而浩瀚，它在地球 46 亿年的历史中举足轻重。可以说，地球如今的生机盎然和海洋的存在息息相关。在海洋中，有千奇百怪的生物，有富饶的资源宝藏，还有一些不为人知的奥秘。

"大水球"

宇航员加加林曾经说过："人类给地球取错了名字，不该叫它'地球'，应该叫它'水球'。"海洋大约占据了地球表面积的70.8%，叫它"水球"还真是名副其实。

海洋是这么诞生的

大约在46亿年前，原始地球刚刚形成。在最初的数亿年里，火山频频爆发。火山爆发释放出来的气体，形成了地球的原始大气层。地球内部的水合物在火山喷发时变成水汽升到天空，冷却后又通过降雨落回到地面。降落到地球表面的水连成一片，就这样诞生了最原始的海洋。

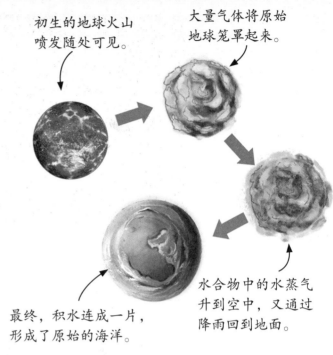

初生的地球火山喷发随处可见。

大量气体将原始地球笼罩起来。

水合物中的水蒸气升到空中，又通过降雨回到地面。

最终，积水连成一片，形成了原始的海洋。

▲ 海洋的形成过程

不止一种颜色的海洋

海水是透明的，海洋看上去却一片蔚蓝，这是为什么呢？太阳光有红、橙、黄、绿、青、蓝、紫七种可见光，这七种光波长不同，当太阳光照到海面时，红、橙、黄等波长较长的光束会被海水逐步吸收，波长较短的蓝、青光束会发生散射和反射，于是我们看到的海洋就是蔚蓝的。当然，海水中的浮游生物和悬浮物质也会影响海洋的颜色。如果海里富含红色藻类，海面就会呈红色；如果海底黑色淤泥很多，海面看起来就会呈黑色。

海水中含有的化学元素已发现有80多种。

人们将收集到的结晶粗盐进行进一步加工。

当太阳暴晒海水时，水分蒸发后留下的结晶就是盐。

刮板可以收拢海盐。

▲ 古代盐田

满是咸盐的海洋

在炎热的夏天，把身体泡在清凉的海水里是令人舒服的，可如果呛到海水就不舒服了。为什么？因为海水非常咸涩。在原始海洋刚刚形成时，海水并不是咸的。汇入大海的江河在流经土壤和岩层时，会带走其中的盐分物质，这些盐分不断地汇集于海水中，经过长时间的累积融合，海水就慢慢变了味道。

无风也有三尺浪

人们常常会用"无风三尺浪"来形容海洋。没有风怎么会有浪呢？当风吹过海面的时候，会把能量带给大海，海水的波动就形成了海浪，风越大，浪就越高。而当风停止之后，海浪并不会马上消失，而是会引起一系列连锁反应，波及其他的无风地区，形成涌浪。所以，有时即使我们感到无风，大海也会起浪。

▼ 海洋

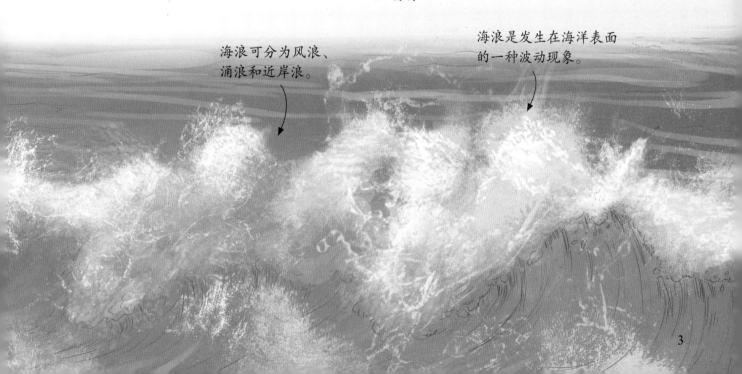

海浪可分为风浪、涌浪和近岸浪。

海浪是发生在海洋表面的一种波动现象。

在大约3亿年前，地球上的大陆是连在一起的，周围被海洋包裹。

地球上，陆地面积大约占据地球表面积的29.2%。

小百科

一侧以大陆为界，另一侧被半岛、岛屿或群岛与大洋分隔，水流交换通畅的海被称为边缘海。中国的东海、黄海、南海都属于边缘海。

小百科

处于几个大陆之间的海被称为陆间海。比如地中海。

岛屿四面环水，地球上的岛屿有5万个以上。

海洋与陆地

地球的大部分面积被海洋占据着，各大海洋相互连通，把陆地围绕在其中。

"海"和"洋"常常同时出现，作为一个词语被人们使用。但是，"海"和"洋"其实并不是一回事。它们之间有什么联系，又有什么区别呢？

海和洋

海，位于大洋的边缘，面积约占海洋总面积的11%，其水深较浅，平均深度从几米到二三千米。人们根据海所处的位置，把海分为内陆海、边缘海和陆间海。洋，是海洋的主体，它远离陆地，面积约占海洋总面积的89%，深度一般大于2000米。

小百科

内海深入大陆内部，仅有狭窄水道与大洋相通，面积小，海水浅。比如中国的渤海。

四大洋？五大洋？

很长时间以来，人们将地球上的大洋分为太平洋、大西洋、印度洋和北冰洋四大洋。2000年，国际水文地理组织确定了一个独立的大洋——南冰洋。至此，南冰洋成了世界上第五个被确定的大洋。不过，因为南冰洋没有大洋中脊——一个贯穿地球各大洋如同一条海底山脊的特殊结构，所以，南冰洋是不是第五大洋一直备受争议。2021年，美国国家地理学会正式承认南极洲周围海域为南冰洋，即世界第五大洋。

小百科

北冰洋位于地球最北端，为亚洲、欧洲和北美洲所环抱，是世界上最小、最浅、最冷的大洋。

小百科

太平洋位于亚洲、北美洲、南美洲、大洋洲和南极洲之间，是世界上最大、最深、岛屿最多的大洋。太平洋中，火山岛和海山星罗棋布，地球表面的最深点也在这里。

▼ 五大洋

南冰洋

小百科

大西洋位于欧洲、非洲、北美洲、南美洲和南极洲之间，是世界第二大洋，整体呈"S"形。

小百科

印度洋位于亚洲、非洲、南极洲与澳大利亚大陆之间，大部分位于热带。印度洋被古希腊人称为"厄立特里亚海"。

小百科

南冰洋也叫"南大洋"，是唯一一个完全环绕地球，没有被大陆分割的大洋。每年从南极大陆落入南冰洋的冰山约1万座。

漂移的大陆

我们脚下的大地是静止不动的吗？也许你认为它是静止的、稳定的，但实际上，大陆在以我们觉察不到的速度缓慢地移动着。

1910年，德国科学家魏格纳在观看世界地图时发现，大西洋两岸的非洲海岸线凹进去的地方恰好和南美洲海岸线凸出来的地方相嵌合。也就是说，如果把非洲的西海岸和南美洲的东海岸拼在一起，可以凑成一个大致吻合的整体。于是，魏格纳猜想，非洲大陆和南美洲大陆有可能原本是连在一起，后来才分开的。通过这个发现，魏格纳提出了"大陆漂移说"。

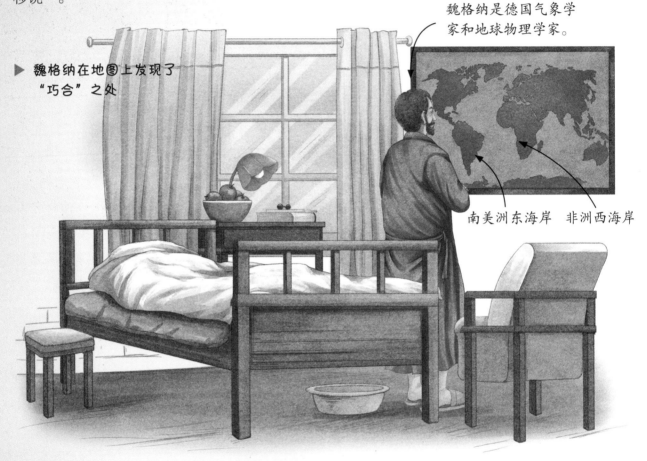

▶ 魏格纳在地图上发现了
"巧合"之处

魏格纳是德国气象学家和地球物理学家。

南美洲东海岸　非洲西海岸

海陆变迁

地球内部的物质在不停地运动，随着地壳的上升、下沉，以及板块间的运动，海洋陆地就发生了变化。比如，考古学家曾在喜马拉雅山发现海洋动物化石，这说明喜马拉雅山很久以前曾是海洋。

▼ 鱼龙化石

已灭绝的海洋爬行动物

原始的海洋生物化石出现在雪山之上。

高海拔的雪山

▼ 冰河时期的人类捕猎猛犸象

与大象相似的形态

古印第安人

弯曲的长牙

人们已经发明了矛、投矛器等武器。

古印第安人也许是在追逐猛犸象时不经意间越过了白令陆桥。

"冰河时期"的人类大迁徙

冰河时期，天地苍茫，巨大的冰川横亘大地。由于地壳的变动，从前淹没在水下的岛屿群显露出来。很多学者认为，美洲印第安人的祖先也许就是通过冰河时期露出的白令陆桥，从亚洲迁徙到了北美洲。

开山填海

除了地球本身的变化，人类活动也是海陆变迁中重要的一环。

荷兰是世界著名的"低地之国"。为了获得更多的土地，荷兰人从 13 世纪就开始围海造地，现今荷兰约 20% 的土地都由此而来，所以有"上帝造海，荷兰人造陆"的说法。不过，荷兰虽然土地面积扩大了，却面临着地下水位下降、泥沙淤积、干旱缺水的问题。因此，20 世纪 90 年代初，荷兰政府不得不实施生态恢复计划。

▼ 荷兰须德海大坝

荷兰有大面积的浅水海湾，易于填海造陆。

建造大坝所使用的石头是从法国、葡萄牙等国进口的。

宽90米的坝顶

7

从海上跨过去

汽车可以在陆地上驰骋，但面对海洋时，就只能望洋兴叹了。跨海大桥的出现，让我们可以驾车从桥上跨过去，去看海那边的景色。

跨海大桥

跨海大桥横跨海峡、海湾，跨度可达几千米，甚至数十千米。建造跨海大桥需要具备精湛的桥梁建设技术，要求十分严苛。值得一提的是，大型的跨海大桥会故意建造成曲线状，这样能让海水通过引导，减少对桥梁的冲击，因为弯曲的形状能避开起伏不定的海底地形，保障桥梁的稳定与安全。

港珠澳大桥

2018 年 10 月，我国建造的港珠澳大桥正式通车，这是目前世界上最长的跨海大桥，是中国建筑史上里程最长、投资最多、施工难度最大的跨海桥梁项目。港珠澳大桥的设计使用寿命可达 120 年，能够抵抗 8 级地震、16 级台风。

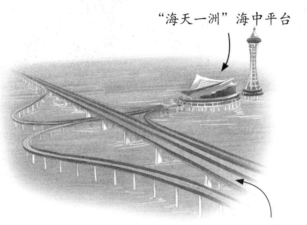

"海天一洲"海中平台

▲ 杭州湾跨海大桥

它跨越杭州湾海域，连接了浙江嘉兴海盐和宁波慈溪。

▼ 港珠澳大桥

港珠澳大桥通车后，港、粤、澳三地的陆路距离大幅缩短。

港珠澳大桥共设224座桥墩。

日本濑户大桥

濑户大桥跨越濑户内海，位于日本本州岛和四国岛之间。濑户大桥施工耗时将近10年，于1988年全面通车。濑户大桥造型美观，是一座现代化的钢铁大桥，同时兼具公路和铁路的功能。

濑户大桥全长约37千米，上层是公路，下层是铁路。

▲ 日本濑户大桥

切萨皮克湾大桥

切萨皮克湾大桥横跨美国东部的切萨皮克湾，桥的长度也排在世界前列。人们可以在桥中间的人工岛上观看大西洋湾口的壮观景象。不过，由于大桥修得太高，并且桥上没有修建路肩，很多司机不敢开车过桥。即使有胆子大的司机敢把车开上桥，也不敢提速。因为这个原因，这座桥很容易拥堵，为此，大桥两岸出现了专门提供代驾过桥服务的汽车救援公司。

双向越洋大桥

切萨皮克湾大桥桥长6.95千米。

大桥在1964年通车。

桥身高出海面约56米。

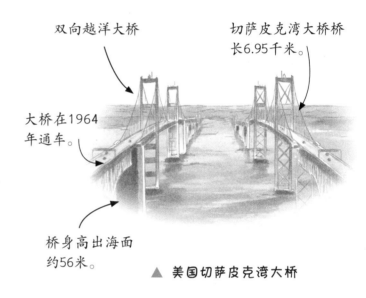

▲ 美国切萨皮克湾大桥

世界最长的跨海大桥

港珠澳大桥全长55千米，集桥、岛、隧于一体。

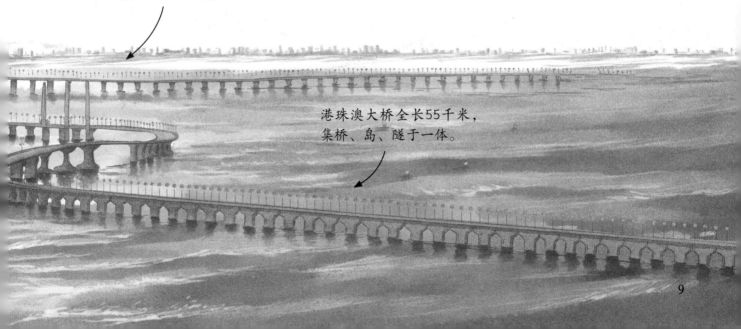

从海底穿过去

在跨海大桥的帮助下，汽车可以在海上行驶。那么，车可以在海里行驶吗？长期以来，人们都怀着这样的梦想。海底隧道的出现，让这个想法成为现实。

海底隧道

海底隧道建造在海底之下，为人员和车辆通行提供通道，可以解决横跨海峡、海湾之间的交通，同时不会妨碍船舶航运。目前，世界范围内已经建成和计划建设的海底隧道有 20 多条，其中比较有代表性的海底隧道有日本的青函隧道、英法海峡隧道、中国香港的海底隧道等。

英法海峡隧道

英法海峡隧道也叫英吉利海峡隧道或欧洲隧道，隧道横穿英吉利海峡最窄处，连接英国与法国，于 1994 年建成通车。隧道全长 50.5 千米，其中海底段占了很大一部分。这条由 3 条隧道和 2 个终点站组成的隧道，大大缩短了从欧洲大陆往返英国的时间。如果有人从伦敦去往巴黎，开车从英法海底隧道通行只需 3 小时左右，所需时间与坐飞机前去的航程时间差不多。

青函隧道

青函隧道位于日本北部，是当时世界最长的海底隧道。青函隧道由一条主隧道和两条辅助坑道构成。为了向公众展示该隧道的建设详情，日本建设了青函隧道纪念馆。在纪念馆里，通过立体模型、映像和展示板完整地展现了隧道建设的概况。

▼ 日本青函隧道

青函隧道的工期长达24年。

隧道全长53.85千米，海底部分长23.30千米。

青函隧道供新干线高速列车和货运列车使用。

香港海底隧道

香港海底隧道也叫红磡（kàn）海底隧道，是中国香港第一条海底行车隧道。这条隧道横跨维多利亚港，将九龙半岛和香港岛两岸独立的道路网络连接起来，于1972年正式通车。香港海底隧道是世界上最繁忙的隧道之一，几乎每天都会出现交通堵塞的情况。为了缓解这种情况，人们先后建设了东区海底隧道和西区海底隧道来分流。

▼ 香港海底隧道

CROSS-HARBOUR TUNNEL

香港使用率最高的海底隧道

繁忙的交通

海中宝藏

海洋美丽辽阔，极为富饶，是名副其实的"聚宝盆"。随着时间持久的开发利用，陆地上能为我们所用的资源越来越少。于是，人类的目光转向了海洋。

海上资源的勘探和开发

起重机

▲ 海洋工程船

海洋矿产资源

海洋中的矿产资源包括储量巨大的石油，天然气，各种金属、非金属矿物，含有大量金属的硫化物以及新型矿物"可燃冰"。当然，这只是人类在海洋中探知到的一部分矿产，还有许多未知矿产有待继续发掘探索。

"可燃冰"是一种由甲烷等气体分子（主要是甲烷）和水分子构成的天然气水合物。

状似冰块，遇火可燃。

▼ 石油勘探

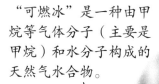

石油勘探船是移动的石油钻井平台。

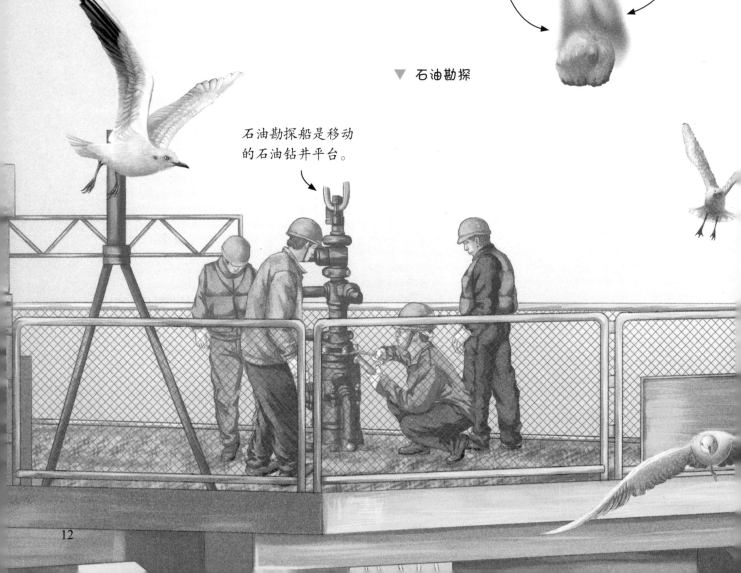

▼ 科研人员乘坐潜水器深入海底探索

人们利用潜水器进行水下考察、勘探。

观测窗

探照灯

海洋动力能源

随着时代的进步，包括潮汐能、波浪能、海水温差能、海流能等可再生能源被重视起来，更多的海水发电项目也在筹备和建设中。

海上石油钻井平台

海上石油钻井平台好像屹立在海洋中的摩天大厦。按结构特性和工作状态，可分为固定式钻井平台、顺应式钻井平台和移动式钻井平台等。

▼ 石油钻井平台

直升机为勘探船增补物资。

钻塔中装有钻探设备。

大型深水装备被称为"流动的国土"。

平台的大部分位于水下。

海洋化学资源

海水的成分非常复杂，其中含氯化钠达4亿亿吨，除此之外，还有大量极其稀有的化学物质，以各种形态存在于海水中。在人类历史上，开发利用海洋化学资源的项目工程有很多，最广为人知的就是海水淡化。

小百科

海水淡化是指从海水中获取淡水的过程，可有效解决我国沿海苦咸水地区的淡水危机和西部水资源短缺问题。

▼ 海水淡化装置

冷凝器

蒸发器

安全帽

蒸馏水收集罐

14

▼ 集装箱货船

货物被装在一个个集装箱里。

码放整齐的集装箱

集装箱装卸速度很快。

集装箱的尺寸、重量都有一定的标准。

排水收集罐

▼ 海水的成分

海水是一种复杂的混合溶液。海水包含5种阳离子、5种阴离子；溶解于海水的氧气、氮气及惰性气体等；各种营养元素；含量更低的微量元素；氨基酸、腐殖质、叶绿素等有机物质。

海洋空间资源

随着人口增长，陆地可开发利用的空间日渐减少，辽阔的海洋空间给人类带来了新的希望。凭借成本低和运量大的优势，海上运输成为洲际往来的"天然铁路"。为了发展生产和改善生活，人们加快了对海洋的开发和利用，甚至未来人类将有可能生存在海洋城市中。

海洋生物资源

除了矿产和化学资源，海洋中还有丰富的动植物资源。海洋中的动植物和微生物以独特的方式生活在复杂多变的海洋环境中。据科学家估计，海洋中的生物资源占地球生物资源的 80% 以上。

▼ 海洋鱼类资源

鱼类资源

鱼类是海洋生物资源中重要的一类。如果想满足口腹之欲，有肉质鲜嫩、营养价值较高的食用鱼；如果想观赏鱼儿的美丽姿态，有外形优美、颜色鲜艳的观赏鱼。

金枪鱼

小丑鱼

海洋甲壳动物

海洋甲壳类动物形态各异，还有许多海洋甲壳类动物可以食用，比如味道鲜美、营养丰富的虾、蟹等。除此之外，从甲壳提取出的甲壳质可以用于工业、农业、医疗和化妆品等行业。

海螺

寄居蟹

乌贼

章鱼

龙虾

海蟹

蜘蛛蟹

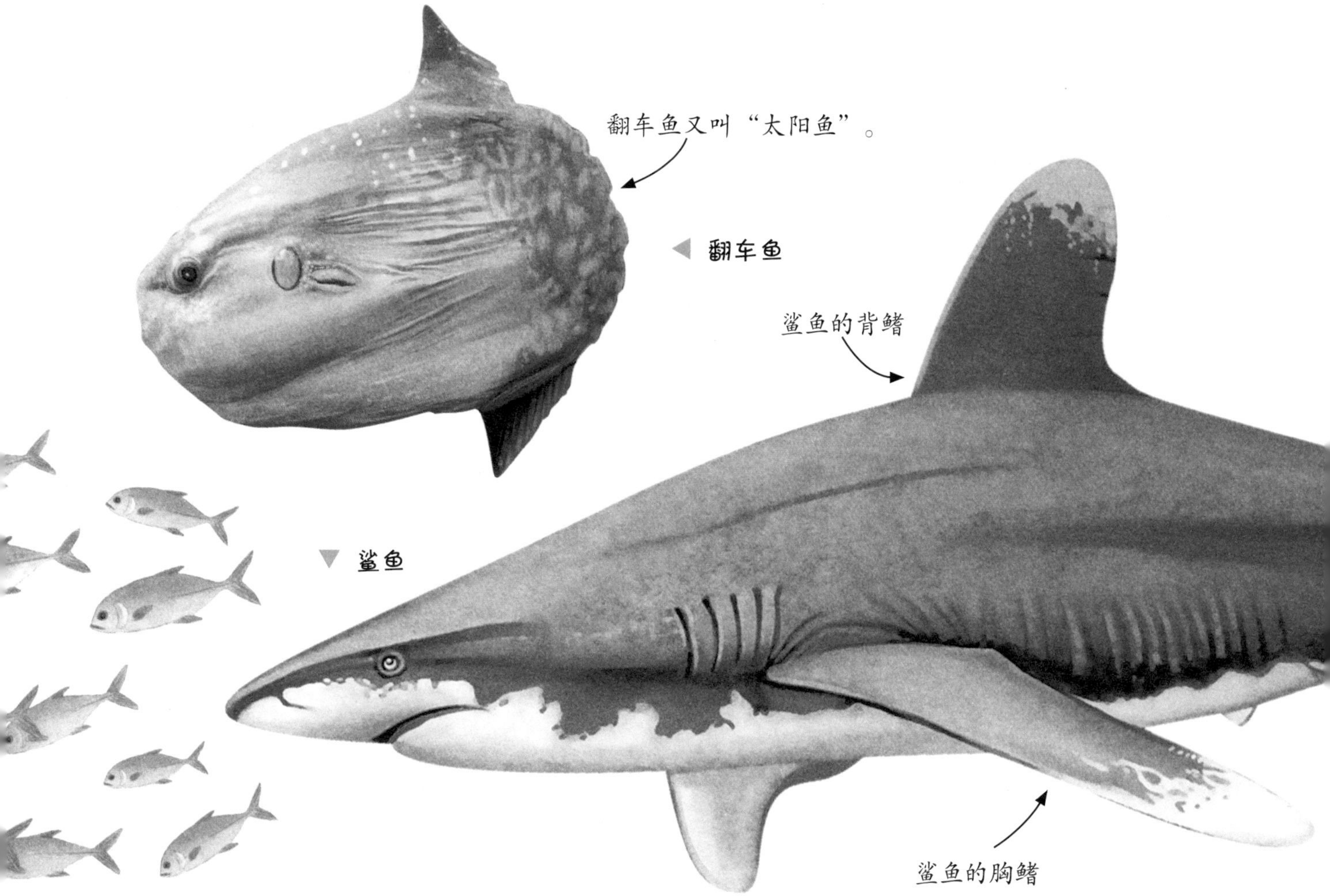

翻车鱼又叫"太阳鱼"。

◀ 翻车鱼

鲨鱼的背鳍

▼ 鲨鱼

鲨鱼的胸鳍

海洋软体动物

　　海洋软体动物也是重要的海洋生物资源，种类非常丰富。有些软体动物可以食用，还有些软体动物具有极高的观赏价值和药用价值，少部分海洋软体动物对人类存在一定危害。

水母

海参

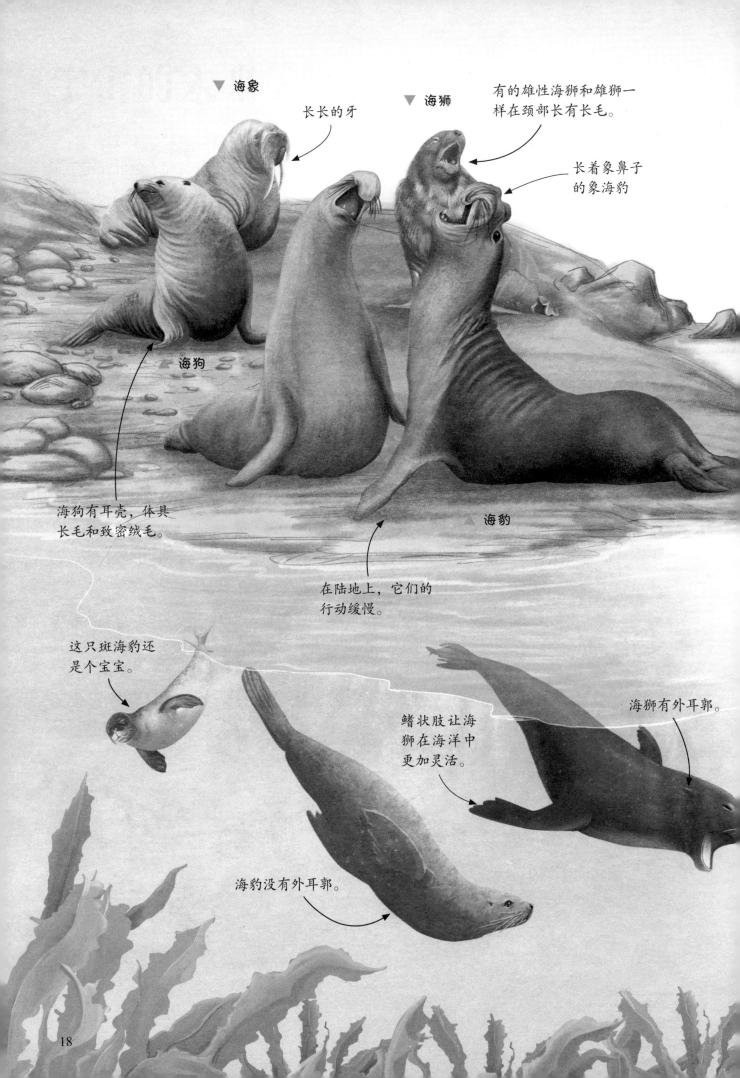

▼ 海象

长长的牙

▼ 海狮

有的雄性海狮和雄狮一样在颈部长有长毛。

长着象鼻子的象海豹

海狗

海狗有耳壳，体具长毛和致密绒毛。

▲ 海豹

在陆地上，它们的行动缓慢。

这只斑海豹还是个宝宝。

鳍状肢让海狮在海洋中更加灵活。

海狮有外耳郭。

海豹没有外耳郭。

海洋哺乳动物资源

　　海洋哺乳动物是哺乳类动物中的特殊类群，它们的皮肉、脂肪及其内脏都有相应的经济价值。其中，在海洋馆里表演节目的是可爱的海狮与海豹，它们易与人类亲近，还有不错的学习能力。

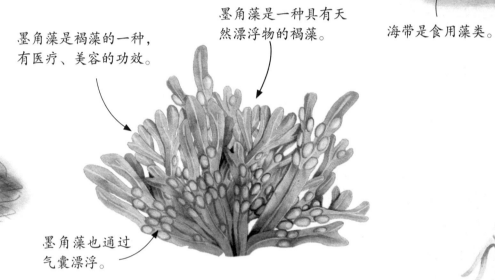

墨角藻是褐藻的一种，有医疗、美容的功效。

墨角藻是一种具有天然漂浮物的褐藻。

海带是食用藻类。

▲ 海带

墨角藻也通过气囊漂浮。

▼ 巨藻

巨藻的生长速度很快，最长的巨藻可达数百米。

在一些水质清澈的海域，巨藻可以形成壮观的海底森林。

海洋植物资源

　　海洋里也生长着各类茂盛的海洋植物，它们是海洋动物的天然"牧场"和人类绿色食品的"基地"，也是工业原料和农业肥料的来源。海洋植物营养丰富，含有许多活性物质，不仅能增强免疫力，还能抵抗病毒、促进成长发育，在医药、食品工业上有广泛的用途。

化石

海洋是生命的起源地，这里的动植物经过了无数次更新迭代。生命从低等到高等，从简单到复杂，不停地演化着。无数生命消逝在演化的旅程中，却留下了自己存在的证据——化石。

▼ 复原后的远古生物

小百科

经过科学家、生物学家和艺术家的共同努力，完美再现了远古生物在海中的图景。

直角鹦鹉螺

泥泳龙

浮龙

鱼龙

上龙

星甲鱼

直角鹦鹉螺

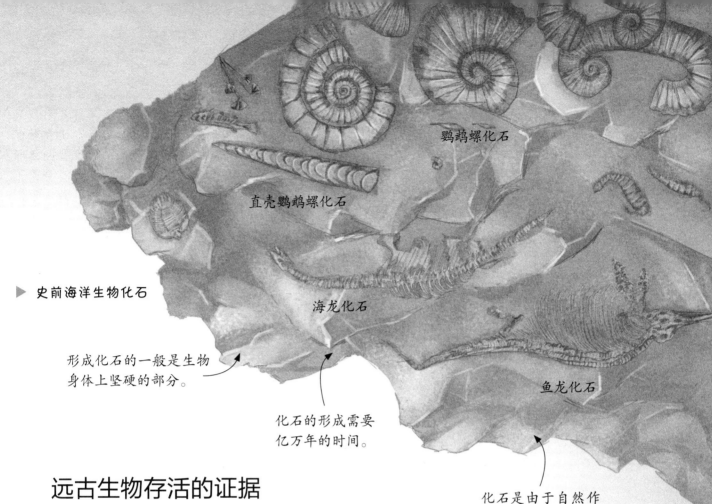

鹦鹉螺化石

直壳鹦鹉螺化石

海龙化石

鱼龙化石

► 史前海洋生物化石

形成化石的一般是生物身体上坚硬的部分。

化石的形成需要亿万年的时间。

化石是由于自然作用而保存在地层中的古生物的遗体和遗迹等的统称。

远古生物存活的证据

生活在史前时代的生物，死后还没腐烂就被泥沙覆盖。经过漫长的岁月，这些遗体的有机质分解殆尽，躯壳、骨骼等坚硬部分则变得像石头一样，被我们称为化石。后来，这些远古生物存活过的证据一点一点地被人们挖掘出来，成了人类了解史前时代的珍贵资料。

高山上的海洋生物化石

很久以前，喜马拉雅山脉还是一片汪洋大海。约4000万年前的一次大陆碰撞使海水退却，喜马拉雅山逐渐升起，曾经埋藏在海底的古生物化石也随着地壳的变化"攀"上了高峰。

月牙状的尾鳍

▼ 喜马拉雅鱼龙

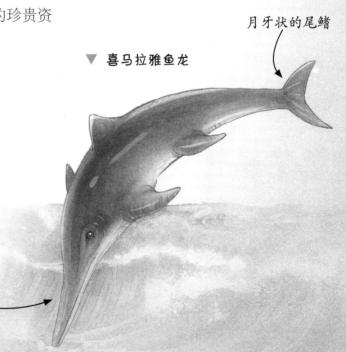

喜马拉雅鱼龙生活在三叠纪晚期。

沉没的大陆

海洋的神奇不只限于多样的海底地貌和丰富的深海生物，在幽暗混沌的海底，还隐藏着很多神秘的建筑与失落的文明，吸引着无数人前去探索。

利莫里亚大陆之谜

很久很久以前，神秘的利莫里亚大陆上出现了一段史前超文明。然而，这段文明最终淹没在了惊涛巨浪之下。19 世纪中后期，英国地理学家斯克雷特提出了"利莫里亚大陆假说"，从那时开始，利莫里亚大陆一直深深吸引着人们的目光，一些神秘主义学者甚至认为利莫里亚人是来到地球的外星人。

利莫里亚有许多宏伟的建筑。

利莫里亚人热爱音乐和艺术。

利莫里亚人可能是白种人。

▲ 想象中的利莫里亚大陆

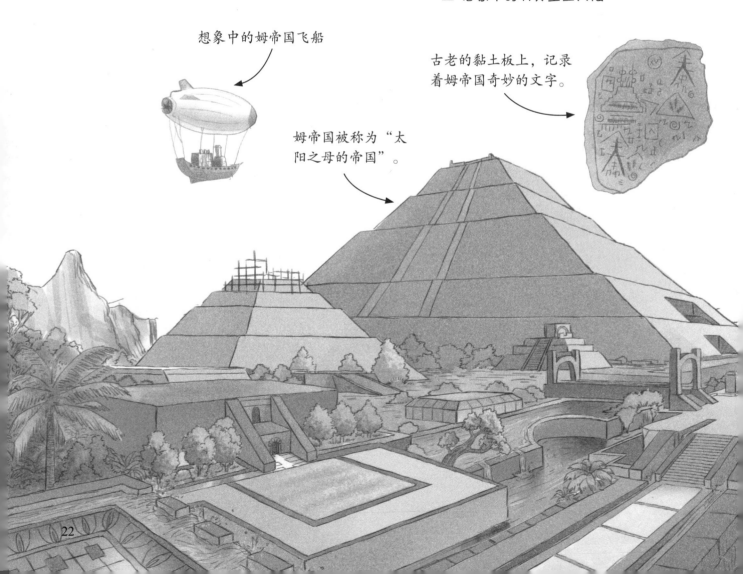

想象中的姆帝国飞船

姆帝国被称为"太阳之母的帝国"。

古老的黏土板上，记录着姆帝国奇妙的文字。

失落的亚特兰蒂斯

大约一万多年前，一场特大的洪水席卷了当时的地球，这场洪水来势汹汹，几乎在一夜之间淹没了亚特兰蒂斯。柏拉图对亚特兰蒂斯进行了细致的描述：亚特兰蒂斯王国是一片巨大的陆地，富饶强盛，艺术繁荣，文明高度发达，不仅有华丽的建筑，还有各种高度发达的科学技术。

▲ 柏拉图笔下的亚特兰蒂斯

消失的姆大陆

传说，在太平洋上曾有一块拥有超高文明的古大陆，名叫姆大陆。姆大陆上有一个帝国——姆帝国，这里拥有先进的科技与发达的文明，在世界各地都有殖民地。然而，突如其来的灾难袭击了姆大陆。地面被撕开巨大的裂口，繁荣的城市接连崩塌，姆大陆一夜之间沉入大海，发达的文明也湮没在历史的洪流中。1931年，英国学者詹姆斯·乔治瓦特经过假设、调查、推理、破译，出版著作《消逝的大陆》，让姆大陆栩栩如生地呈现在人们面前。

▼ 姆大陆想象图

姆大陆曾是地球上最大的陆地之一。

由巨石建造的建筑

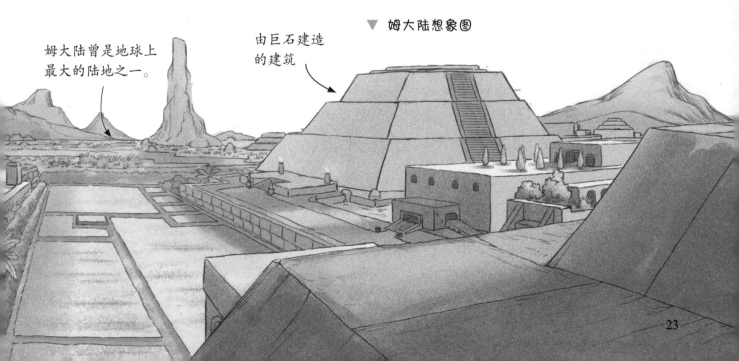

23

海底古迹

在海洋深处还隐藏了规模宏大的古城遗迹和神秘建筑，这些古迹驱使着人们不断去探究，一层层地揭开它们的神秘面纱。

赫拉克利翁
铭文石刻

哈比神像

▲ 赫拉克利翁古城遗迹建筑

赫拉克利翁古城
遗迹中的神像

尼罗河入海口的泥沙之城

古希腊历史学家希罗多德曾在书中描述了两座城市，它们可能是爱琴海上的两个岛屿，更是古埃及繁华的贸易中心。但对于这两座城市的认知仅仅存在于古文字的记载中。2000 年，法国考古学家戈迪奥先后发现了两处遗址，经过一系列考究，确定它们分别是赫拉克利翁古城和东坎诺帕斯古城。

▼ 海底古城遗迹

金字塔由岩石堆砌而成，最大的岩石长250多米，高20多米。

建筑规模宏大，铺设着整齐的石板路。

▲ 与那国岛金字塔构想图

潜水探险者的意外发现

1985年，潜水导游新嵩喜八郎在与那国岛附近海域潜水时，发现了海底神秘建筑。随着探险和调查的进行，人们发现了岩石堆砌的巨大的阶梯形建筑。这个建筑外形有点像金字塔，上方还有类似城门、回廊、瞭望塔等建筑物，城门上方刻着清晰的纹饰。有考古学家猜测，这可能是史前文明遗留下来的建筑。除此之外，在与那国岛的东南海岸，考古学家还发现了一处立神岩，岩下有一座高达数米的人头雕像，面孔上的五官清晰可见。

水下考古学家

满载财富的沉船

海底有沉没的建筑古迹，也有因各种原因沉没的船只。在征服海洋的历史中，不计其数的船只葬身海底，留下了一个个充满传奇色彩的故事。随着人们对海洋的不断探索，沉睡在海底的船只重见天日。

打捞起沉船的梅尔·费雪自称"寻宝人"。

价值连城的"阿托卡夫人号"

1622 年 8 月，一个由 29 艘船组成的船队从南美返回西班牙，船队满载财宝，其中"阿托卡夫人号"搭载着最贵重、最多的财宝。为了防御海盗，船上还装备了大炮。不过，这些武器无法抗衡海洋飓风。船队在经过哈瓦那和古巴之间的海域时，船队中落在最后的 5 艘船遭受了飓风的重创，"阿托卡夫人号"由于载重太大，航行速度最慢，被海浪掀翻，最终沉入海底。

几百年来，人们不断搜寻着"阿托卡夫人号"。1985 年，一名叫梅尔·费雪的美国富翁在海底找到了这艘价值连城的沉船。经过打捞，这艘沉船上有大约 40 吨财宝，其中有大约 500 千克的宝石，8 吨左右的黄金。

◀ "阿托卡夫人号"
沉船上的财宝

▼ 费雪家族的寻宝人

西班牙殖民者在美洲大规模开采黄金和宝石，然后用船将其运回西班牙。

"阿托卡夫人号"在海底沉睡了300多年。

满载珍宝的"巴图希塔姆号"

在东南亚勿里洞岛水域有一艘沉船，里面有价值连城的奇珍异宝，这个传说在印尼流传已久。一名叫蒂尔曼·沃尔特法恩的德国人对这个传说十分感兴趣，决定去一探究竟。经过不断地搜寻，沃尔特法恩和同伴终于发现了沉船的踪迹。至此，"巴图希塔姆号"重见天日，从海底的"巴图希塔姆号"中共打捞上6万多件文物，经过专家鉴定，这些物品都是中国制造，来自8世纪时的唐朝。

"巴图希塔姆号"是唐朝年间在马来西亚等地进行贸易的商船。

它在海底沉寂了一千多年。

在航行到东南亚海域时，船只遇到暴风雨后触到了水下暗礁。

▲ "巴图希塔姆号"商船

▼ 沉船残骸

"南海一号"沉船现世

南宋时期,海上丝绸之路上,一艘满载货物的远洋贸易商船因故失事,沉没海底。1987 年,这艘沉船在广东台山、阳江交界海域被发现,它就是"南海一号"。为了保留历史信息,中国决定"整体打捞"。

2007 年 12 月,"南海一号"整体打捞出水,沉睡八百多年后再次重见天日。随着清理发掘工作的进行,"南海一号"的面貌呈现在人们眼前,船上的文物超过 18 万件,历史价值不可估量。精美的瓷器、铜器、镀金器、漆器、钱币等,无一不在向后世讲述着优质的中国制造和繁荣的海上丝绸之路。

小百科

据推断,"南海一号"历经 800 多年不腐,主要原因有两点:一是水下环境氧浓度低,附着的淤泥使船体与外界隔绝,避免了船体氧化;二是"南海一号"船体的材质是抗浸泡性较好的松木。

船上载着价值连城的宝物。

"南海一号"是迄今在环中国海域发现的海底沉船中保存最完整的中国远洋货船。

▼ "南海一号"沉船

"南海一号"沉船长约24米,宽10米,是一艘大型商船。

▼ "南海一号"

小百科

　　1943年3月，"阿波丸号"下水，先后6次往返日本—新加坡航线，它曾受到炸弹和鱼雷的攻击，但依然完成了任务，被誉为"不沉之舰"。1944年，"阿波丸号"被改装成运送救援物资的运输船，船体上面画上了绿色"十"字，因此被称为"绿十字"。

"阿波丸号"真正意义上是按照军事性能和要求打造的军事船舰。

"阿波丸号"是一艘日本远洋邮轮。

"阿波丸号"与"北京人"

　　1945年4月1日，"阿波丸号"载着日本高官、富商及其家属回日本，当它行驶到中国福建省以东海域时，遭到美军潜水舰"皇后鱼号"的攻击。数枚鱼雷袭来，"阿波丸号"沉没，船上装载的物资全部沉入大海。1977至1980年，中国政府多次组织对"阿波丸号"的大规模打捞活动，却只发现一些常规物资和日军遗体，并没有发现黄金以及传说中的"北京人"头盖骨的踪影。

▲ "南海一号"沉船上的瓷器古董

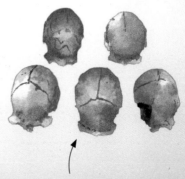

▼ "北京人"头盖骨

有消息称，装有"北京人"头盖骨的箱子就在"阿波丸号"上。

第二章

以海为生的人

不论平原、高山，还是戈壁、海岛，都有人类生活的踪迹。

"靠山吃山，靠水吃水"，这句祖先留下的对生活经验的总结教诲了一代又一代人。居住在海边的人与海相伴，以海为生，他们依靠自己的劳动，收获着大海的馈赠。

海边的因纽特人

在北冰洋沿岸一带，生活着与海相伴的因纽特人。他们勤劳、勇敢，凭借顽强的意志在严苛的环境中生存了下来。

▼ 因纽特人的生活

因纽特人居住的雪屋——"伊格鲁"

鱼叉是有效的捕鱼工具。

因为气候寒冷，因纽特人穿着厚厚的兽皮衣服。

迁移而来的民族

大多数因纽特人生活在北极圈以北和部分高寒地区，格陵兰岛、加拿大、美国阿拉斯加州等地都可以看到他们的身影。专家们研究后推测，因纽特人的祖先是从亚洲东北部经过白令海峡迁徙到北美洲的阿拉斯加，之后退至北极圈内。

海边生，海边长

传统的因纽特人以狩猎为主，他们平时主要吃哺乳动物和鱼类，穿的大多是动物毛皮做成的衣服。在家庭里，男人承担着寻找食物的重任。他们会拿着鱼叉和猎枪到浮冰边缘或气孔处猎捕海豹，也会乘坐一种叫"卡雅"的兽皮船出海捕鲸。白鲸、独角鲸、海象和海豹都是因纽特人餐桌上的食物。

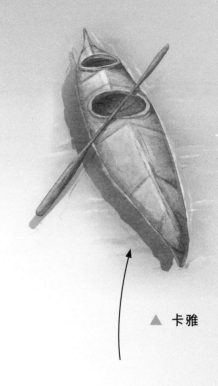

▲ 卡雅

卡雅是一种用海豹皮、动物骨架做成的小船。它两头尖、中间宽，灵巧轻便。船表涂抹的动物油能有效防水。

猎枪

北极地区有众多冰川移动形成的河流。

伊格鲁

聪明的因纽特人用冰雪创造出了阻挡寒风的"伊格鲁"。这种穹隆状小屋除了有冰块做成的"透光窗"，还设置了避免冷风直吹的地下通道，非常实用。当室外寒风呼啸、异常寒冷时，在"伊格鲁"里可以生炉火来驱寒取暖。

现代的因纽特人

随着现代化进程的加快，因纽特人原始的生活状态也发生了改变。由于现代文明的传播以及一些旅游项目的开发，因纽特人开始接触现代文明产物。在部分因纽特人的村落中，可以看见汽艇、楼房、电视机。在一些因纽特人的生活中机动船代替了皮划艇，雪地车代替了狗拉雪橇……

海洋游牧民族——巴瑶族

我们将目光从寒冷的北极转移到温暖的东南亚，这里的海洋上生活着一支"游牧"民族。他们畅游在五彩斑斓的珊瑚丛中，与各种各样的鱼儿共舞。这些海洋牧民没有国籍，经营着属于自己的"世外桃源"。他们就是神秘的巴瑶族人。

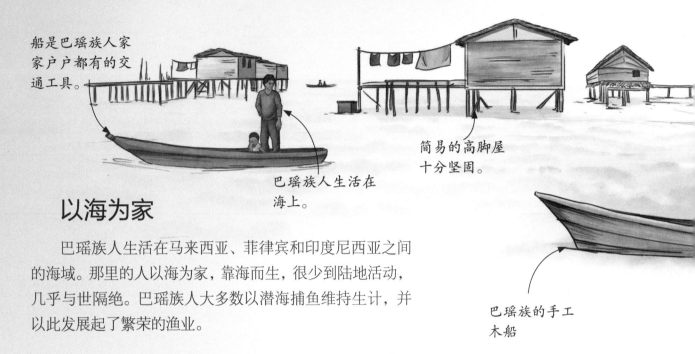

船是巴瑶族人家家户户都有的交通工具。

巴瑶族人生活在海上。

简易的高脚屋十分坚固。

巴瑶族的手工木船

以海为家

巴瑶族人生活在马来西亚、菲律宾和印度尼西亚之间的海域。那里的人以海为家，靠海而生，很少到陆地活动，几乎与世隔绝。巴瑶族人大多数以潜海捕鱼维持生计，并以此发展起了繁荣的渔业。

潜水猎手

对于巴瑶族人来说，潜水是他们必备的生活技能。因为从小就接受训练，所以无论大人还是孩子，水性都出奇的好。为了适应较深海域的高压环境，他们早在孩提时代就被刺破了耳鼓膜。经历了这个特殊仪式以后，巴瑶族人只需要借助简易的护目镜、一个渔叉和一根铁棒，就可以在 30 米深甚至是更深的海域搜罗各种海产。

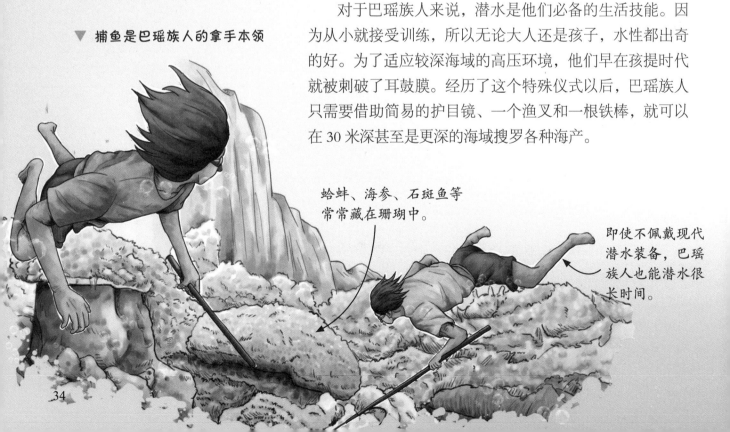

▼ 捕鱼是巴瑶族人的拿手本领

蛤蚌、海参、石斑鱼等常常藏在珊瑚中。

即使不佩戴现代潜水装备，巴瑶族人也能潜水很长时间。

▼ 巴瑶族人

木头搭建的水上屋

巴瑶族人被称为"海上吉卜赛人"。

简易的高脚屋

虽然巴瑶族人以海为家，但也并非是居无定所的海上漂泊。他们会在浅海海域搭建起简易的高脚屋，这些高脚屋既没有钢筋水泥，也没有华美的装饰，几根木头、几块木板、一些茅草，外加一些棕榈叶，可能就是全部的建材。即便如此，这里依然是巴瑶族人眼中温馨的港湾。

与世无争的乐园

因为生活条件有限，巴瑶族人的孩子没有电子游戏，没有游乐场，但是他们身边有清澈见底的海水、温暖的阳光，更有种类繁多的奇妙生物。他们常常驾着小船在蓝天碧海间嬉戏玩耍，在家门前表演花式跳水，同伙伴三五成群地比赛攀爬椰子树……孩子们每时每刻都在尽情地享受自由与快乐。

▼ 海边的乐趣

活力满满的巴瑶族少年

海洋是巴瑶族孩子的乐园。

向海而居的京族

在广西沿海一带，聚居着主要从事渔业的少数民族——京族。他们有自己的语言，形成了独具特色的民族文化。由于千百年来与大海妙不可言的缘分，京族人的文化中蕴含着浓郁的海洋韵味。

盛大的"哈节"

京族人靠海吃海，对海洋有着深厚的感情。为了表达对海洋的敬畏，祈求海神一直保佑他们，京族人每年都举办盛大隆重的"哈节"。节日期间，人们会身着盛装，聚集到海边，将敬仰的海神"迎"回哈亭。

▼ 隆重的"哈节"

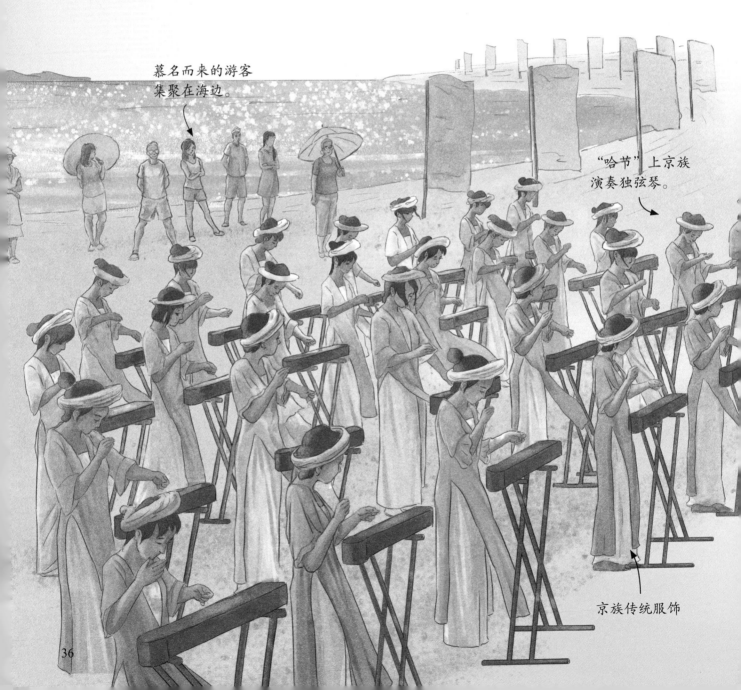

慕名而来的游客集聚在海边。

"哈节"上京族演奏独弦琴。

京族传统服饰

渔民

渔网

拉大网

小鱼和小虾一般活动在浅海，深度在1米多。这个深度不能行船，又刚好没过头顶，人不能徒步行走。京族人想出绑高跷以提高高度的做法，这就是高跷捕鱼。

高跷由坚硬有韧性的槐木或榆木制成。

▲ 京族浅海捕捞

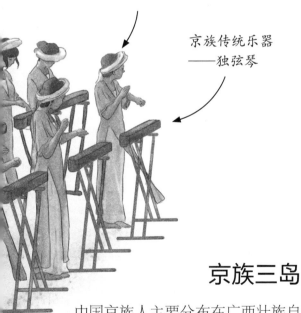

"哈节"又叫"唱哈节"。

京族传统乐器——独弦琴

踩高跷，拉大网

良好的水质环境，让京族三岛附近的海域成了各类鱼虾蟹贝的天然产卵地和培育场。京族渔民们每年会带着高跷和虾笼网来到海边，展现高跷捕鱼的绝技。除此之外，他们有时还会集结起二三十人的队伍，到坡缓滩平、没有淤泥的地方，用"拉大网"的方式来一场壮观的拉网捕捞。

▼ 虾塘

诗画虾灯

在风光旖旎的海面上，能看到京族渔民精心设计的虾塘。每当夜幕降临，这些由虾灯、拦网和支柱组成的"几何图形"，就会变成一幅幅唯美的画卷。那星星点点的光、起起伏伏的水，宛若降落凡间的流动星河。

京族三岛

中国京族人主要分布在广西壮族自治区东兴市内的沥尾、巫头、山心三座岛屿上。京族三岛气候宜人，风景秀丽，海产资源十分丰富。京族人用勤劳和智慧在这里开辟了盐田，发展起了海产养殖业。如今，他们又把这里打造成了著名的海洋旅游胜地。

与世无争的阿努塔人

南太平洋的热带海域上，有一座面积只有 0.25 平方千米的小岛。它四面环海，远离大陆，阿努塔人就住在这里。他们几乎不与外界进行贸易往来，平时靠着海洋的赠予和传统的农耕过着自给自足的生活。

面包树皮是很好的建房材料。

袖珍乐土

因为面积小，距离陆地和其他海岛较远，阿努塔岛很容易被人遗忘。可几百年来，人迹罕至的阿努塔岛并没有荒芜，阿努塔人共同开垦土地，一起出海捕鱼，分享劳动成果，把阿努塔岛变成了一片人间乐土。

独特的捕鱼技艺

有限的土地不能提供足够的食物，为了填饱肚子，阿努塔人需要到大海中寻找日常所需的食材。他们在一根细线的顶端绑上章鱼的腕足，利用它引诱鱼儿"上钩"。一旦鱼儿经不住诱惑咬住"鱼饵"，阿努塔人会马上拉动细线，迅速抓住它。这是阿努塔人的捕鱼绝技。

独特的捕鱼方法

捕鱼的细线

大家会相互分享捕获的鱼。

▲ **面包树**
面包树不但能结出散发着面包香味的果实，其木材还可用来建房、制作独木舟。

收获的面包果会被储藏在地下。

面包树和芋头是岛上的主要作物。

果实中淀粉含量丰富，是许多热带地区居民的主食。

独木舟是阿努塔人的出行工具。

珍贵的独木舟

岛上可用来建造小船的木材资源很少，阿努塔人把树木制成的独木舟视若珍宝。在他们眼里，带有舷外支架的独木舟不仅可以帮助出行，还是维持生计的重要工具。阿努塔人借助这些独木舟，在蓝色的海洋里寻找各种美味的海产。

阿努塔人的独木舟有的甚至已经使用了上百年。

独木舟的舷外支架

老一辈的蜑家人吃住都在船上，人不离船，船不离海。

据史料考证，蜑家人的先祖与古代百越族有关。

蜑家人很少穿鞋。

生活在水上的蜑家人。

蜑家人"浮生江海，居于舟屋栏栅，捕捞水产为业"。

以船为家的蜑家人

在中国南方海洋里有一群"漂泊者"——蜑家人，他们祖祖辈辈生活在水上，以渔业或水上运输业为生。这个神秘古老的民族过着迥异于陆地的生活，终日感受海风的吹拂，夜夜聆听海浪"演奏"的"摇篮曲"……

择水而居

说起蜑家人，就不得不提他们那别致的"船房"。在中国广东、广西和福建一带的沿海港湾和内河，我们时常能看到这些船房所组成的独特"村落"。它们船对船，屋连屋，既疏密有致，又彼此相连，静静地排列在碧海粼波之上。

神秘由来

　　蜑家的由来一直众说纷纭。据史料记载，蜑家最初属于古代百越族，秦汉时，部分族人发现了岭南地区丰富的水产资源，便在此造舟为屋，傍海而居。"蜑家"最早见于晋代陶璜的疏文和常璩的《华阳国志》，独特的蜑家文化体现出深深的历史烙印。其后裔已融合为汉族，也有着汉族的风俗习惯。

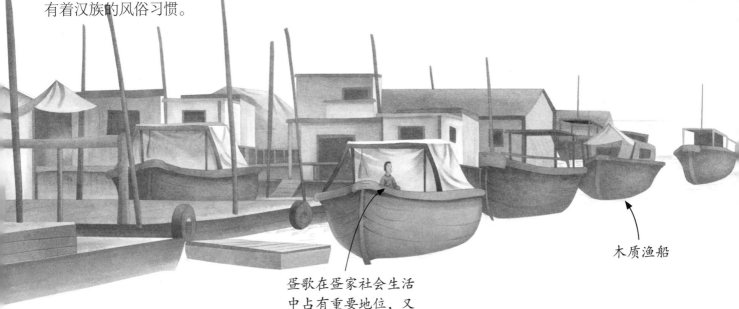

蜑歌在蜑家社会生活中占有重要地位，又称"咸水歌"。

木质渔船

▼ 图腾

水人信蛇

　　蜑民信仰蛇图腾，不同地区的蜑民信奉蛇的方式也不同。据清代史料记载，广东潮州的蜑民会尊蛇为游天大帝，广西的蜑民则会去拜蛇庙，福建蜑民的船上则一定会有"水龙"。

小百科

　　蜑家人使用的小船两头尖高、中间平阔，类似椭圆形的"蛋"，以前的汉人称这种船为"蜑船"。

回到陆地

　　如今，大部分蜑家人改变了以水为生的生活方式，他们上岸定居，成了都市社区的居民。乌篷蜑船、吊脚船屋渐渐消失，但仍有极少数蜑家人保持水上生活的习惯，学者称其为"最后的蜑民"。

▼ 蜑船

靠海吃海——渔民

如同土地之于农民一样，海洋就是渔民生存的根本。在一片片神奇的蓝色海域中，我们时常能看到渔民忙碌的身影。

渔民的智慧

千百年来，渔民们在与大海相处的过程中，积累总结出了一些宝贵的经验。什么天气适合出海，哪片海域可能有鱼群，怎样撒网效率更高……他们基本都能做出精准的判断。为了谋生，渔民们还充分发挥自己的智慧，学会了与海为邻，在海边建起一个个基地，养殖各种海产经济动植物。

与大海"拔河"

对渔民来说，捕鱼拉网就像与大海进行拔河比赛。渔民们会看准时机，紧紧抓住缆绳，一边喊出响亮的号子，一边有节奏地猛力拉拽，直到将渔网拉出水面，把一兜沉甸甸的鱼抛在甲板上，"比赛"才算暂时告一段落。不过，并非每次都有满满的收获，有时渔网中也会空空如也。

宽檐帽可以遮阳挡雨。

渔民

渔网

浮子

▲ 海上养殖基地

船即是家，家即是船

渔民从离开海岸的那一刻起，无论是劳动、吃饭还是休息都要在船上进行。有时为了有个"好收成"，渔民们不得不赶赴远海，很久都回不了家。这期间，渔船就变成了移动驿站，时刻为他们遮风挡雨，给予他们家的温暖。

▲ 现代渔船

鸬鹚善于潜水。

▼ 鸬鹚捕鱼

上嘴的尖端有钩。

"鸬鹚捕鱼"是利用驯化的鸬鹚进行捕鱼的方法。鸬鹚作为捕鱼的猎手，能快速发现目标，并把鱼儿钳制住。

海洋的礼物

除了种类繁多的鱼，海洋还给予了渔民其他"礼物"。虾类、蟹类、贝类、藻类等，都是重要的海洋经济生物。古往今来，渔民们靠着这些海洋的馈赠创造着美好的生活。

遮阳的斗笠

▼ 赶海

退潮时到海滩去捕捉、拾取海洋生物，这就是赶海。

水桶

退潮后，有很多虾、蟹、贝类留在海滩上。

船上谋生——船员

除了渔民，船员也在海上谋生。包括船长在内，所有在船上工作的人都是船员。发动机和船桨并不能独立成为一艘船前进的动力，一切都需要船员们默契无间的配合操作。

忙碌的甲板部

现代船员种类分为甲板部、轮机部、事务部等。甲板部的成员包括船长、大副、二副、三副、水手长、水手等，船长是船上的第一负责人，管理着船上的一切事务。大副、二副、三副都是船长的副手，他们各有各的主管职责。水手长负责带领水手日常维护甲板，水手则负责跟随高级船员进行日常工作。

▼ 船员日常

根据船舶用途的不同，甲板机械也略有不同。

甲板的日常维护保养

甲板

船员

驾驶船只

责任重大的轮机部

　　轮机部的成员有轮机长、大管轮、二管轮、三管轮、机工、电机员等。轮机部的工作十分重要，全船机电设备的正常运营都肩负在他们身上。如果轮机部的工作没有做好，会引发重大安全事故，甚至造成人员伤亡。

记录数据的船员

轮机部人员保障机电设备处于正常适航状态，保证船舶安全和防止发生污染事故。

▲ 轮机部成员

操心的事务部

　　事务部处理船上的大小琐事，成员主要有事务长、大厨、服务员和船医等。事务部的工作内容也很多，包括采购食品上船，为船上的人员提供餐饮伙食，厨房、仓库和公共场所的卫生，船上的医疗保健和防疫，船员工资和其他生活相关事务等。

▼ 事务部的大厨

栏杆

船上的厨房

大厨

现代船舶上使用的炉灶主要是燃油炉灶、电灶和液化气灶。

海上强盗——海盗

过去，船员在海上航行最怕遇到的，除了恶劣天气，就是海盗。很多海盗在海上打劫、绑架、杀人放火，无恶不作。但也有些海盗会劫富济贫，仿佛是正义的伙伴，受到人们的崇拜。

奉旨抢劫

对航行的船只来说，海盗是可怕的敌人。可对一些国家来说，海盗若是加以利用，就能变成手中的利剑。16世纪左右，欧洲各国曾给海盗颁发"私掠许可证"，允许本国私人船只在海上劫掠敌国商船，为国家获得更多的财富。那些背后有政府和国家支持的海盗，被称为"皇家海盗"。

英国女王

弗朗西斯·德雷克是英国著名的皇家海盗。

他在英国击退西班牙"无敌舰队"的战役中做出了突出贡献。

▲ 德雷克的授衔仪式

海盗

被抢劫的乘客

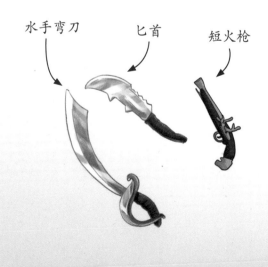

水手弯刀　　匕首　　短火枪

海盗的黄金时代与没落

　　大航海时代既是欧洲的黄金时代，也是海盗的黄金时代。在这一时期，活跃着许多著名海盗，如基德船长、"黑胡子"蒂奇和女海盗安妮·鲍利等。随着两次工业革命的开展，各国的战舰军船水准越来越高，海盗几乎销声匿迹。然而，这并不代表海盗从此绝迹。

▼ 中国古代海盗

中国海盗

　　16 至 17 世纪，中国东南沿海也涌现出一批又一批的海盗。当时的海盗不完全靠抢劫生活，能做生意时，他们就是平常的商人。因为海禁政策戒严，越来越多的没法做生意的人成为海盗。这群海盗形成了海盗集团，实力越来越强大，甚至可以影响政治格局。

▼ 海盗形象

追求财富的海盗

海盗令来往的商船闻风丧胆。

海盗船

深水工作——潜水员

顾名思义，潜水员就是从事潜水作业的专门人员。如果你想成为一名潜水员，要有过硬的身体素质和强大的心理素质。还有最重要的一点，你得先去考个潜水证。

耳窗

面窗

潜水头盔一般用铜板制成。

潜水的历史

人类从事潜水的历史可以追溯到公元前4500年，早在2800年前，阿兹里亚帝国的军队利用充满气的羊皮袋子潜入水中，在水里攻击敌人。据史料记载，1700多年前的中国史书《魏志倭人传》中，就已经有了海边的渔夫潜进水里捕鱼的记录。18世纪初，一个英国人用特制的木桶潜到了海下20米，这算是潜水艇的雏形。到了19世纪，一个叫郭蒙贝西的英国人发明了头盔式潜水，这是职业潜水的前身。

潜水做什么？

潜水员潜进水里是为了进行水下勘测、施工、打捞及军事行动等。由于有些工作要在水下长时间进行，所以潜水员必须有足够的抗压能力和健康的体质。当然，除了工作，潜水还是一项十分有益身心的运动，既能锻炼身体，也能观赏到海里神秘的风光。

▼ 在深海工作的潜水员

凶猛的海洋生物

潜水手套

面镜

防水记事本

气瓶

探测器

潜水的种类

休闲及体育运动潜水可以分为浮潜、水肺潜水、自由潜水等。浮潜又分为浮游和屏气潜水：浮游是指只浮在水面不潜入水中的活动形式；屏气潜水是指在憋住呼吸期间潜入水中的潜水活动。水肺潜水就是潜水员带着氧气瓶潜入水中，用氧气瓶里有限的空气呼吸。自由潜水则是潜水员不携带氧气瓶，只靠自身调节呼吸，尽量向深处潜水。

钟内一般可容纳2~3名潜水员。

◀ 饱和潜水载人潜水钟

在危险中潜行

不论进行哪种潜水活动，都会伴随着一定的危险，其中饱和潜水危险性最大。按照国际惯例，潜水员在水下工作一个小时以上，且潜水作业深度超过120米的情况下，一般都需要饱和潜水技术进行作业。在海中高压状态下，饱和潜水员在舱内连续工作十几天，甚至更久，当他们回到岸上时，很有可能患上潜水减压病，出现肢体疼痛、神经衰弱、呕吐昏迷等症状，严重时甚至会死亡。

浮潜

专业潜水

自由潜水

珊瑚

专业的潜水装备

橡胶脚蹼由橡胶制成，可以用来拨水向后，推动人体向前。

小百科

潜水中会遇到的危险：1.被珊瑚划伤；2.被水母蜇伤；3.被海胆刺伤；4.被贝壳割伤；5.氧气不足；6.手脚抽筋；7.遇到其他危险的海洋生物……

49

海女闭气能力很强。

▼ 海女们下海工作

在日本民间传说中，海女起源于"太古"，即公元4世纪之前。

海女们不佩戴辅助呼吸装置。

潜海捕捞——海女

除了专业的潜水员，日本和韩国等地还传承着一种古老的潜水捕捞工作——海女。看名字就知道，海女是女性工作。直到今天，渔业资源日渐枯竭和海女工作的高强度、高风险等因素，使年轻女性不愿成为海女，海女队伍逐渐趋于高龄化，后继乏人。

扇贝

牡蛎

▼ 海女的收获

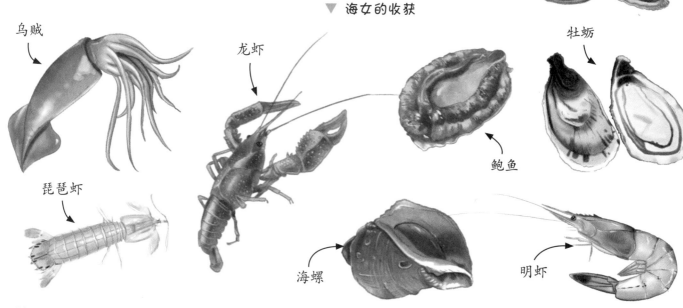

乌贼

龙虾

琵琶虾

鲍鱼

海螺

明虾

团结一致，薪火相传

海女的潜水本领高强，但并不是会潜水就能成为一名优秀的海女，她要在长辈的教导下经过长时间的训练，才能具备优秀的游泳技能和出色的闭气能力。

徒手捕捞

海女在工作时，头上扎布毛巾，穿上衣和短裤入海捕捞，到了 21 世纪，职业捕捞的海女大多穿上防水的硅胶潜水服，抹上防晒和防腐的油脂入海捕捞。海女们潜水不靠氧气瓶，她们会在下水前深深吸一口气，然后扎进海里。近海的龙虾、扇贝、鲍鱼、海螺等多种海产品，都是她们的"猎物"。

▶ **海女捕获猎物**

潜水镜

硅胶潜水服

为什么是海"女"？

海女这份职业的出现，据说是因为女性天生皮下脂肪多，适合潜水，且女性会根据自己的呼吸节奏调整潜水时间。女性一般性格沉稳，心思细腻，而男人到了海里容易因为逞强而遭遇不测。不知道这个说法是否真实，但不可否认的是，身为海女的女性在家庭中承担了更多的经济责任。

▼ **收获归来的海女**

灯塔守护人

船员和潜水员们在海上漂泊，也有些人负责驻守海岸。在海边的港口或山崖上，我们常常能看到高大的灯塔。无论是白天还是黑夜，灯塔都笔直地矗立在那里，为航行的船只指引方向。有些灯塔不用人看守，有一些灯塔则十分重要，需要有人时刻守护。

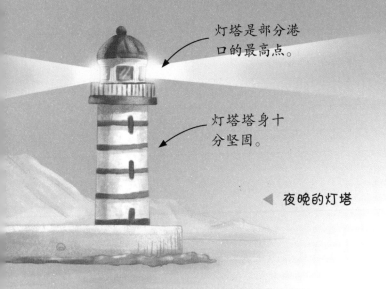

灯塔是部分港口的最高点。

灯塔塔身十分坚固。

◀ 夜晚的灯塔

守塔人的工作

白天的灯塔是一个地标，用来告诉远道而来的船员们到了哪里。夜晚的灯塔会发出灯光，为黑夜中航行的船舶指引方向。由于现代灯塔依然需要人工进行部分操作，以保证灯塔能时刻运行，这便是守塔人最重要的工作。另外守塔人还需要对灯塔进行日常的巡检和维护，将危险发生的可能性降至最小。

守塔人的精神

当守塔人在工作时，不论风有多大、浪有多高，都要坚守在灯塔上，平时吃穿用度都由船只按时给他们送过去，大部分时间里，守塔人都是独自守护着灯塔。想要成为一个守塔人，就必须克服得了困难、耐得住寂寞。

守塔人的消遣

如果灯塔靠近村庄或港口，守塔人的生活便不会那么枯燥。另外，他们可以在闲暇时钓鱼、种田，甚至养上一些小动物来陪伴自己。

▼ 守塔人的闲暇时刻

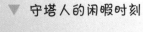

考验耐心的钓鱼是不错的消遣。

灯塔的灯射程
一般不小于15
海里。

浮标颜色鲜
艳，易于被
发现。

▶ 暴雨中的灯塔

灯塔的建筑材料
能够抵御风浪等
恶劣环境。

▲ 灯塔警示浮标

船员为了标示航道浅滩
或危及航行安全的障碍
物，就会用到灯塔警示
浮标，来提醒过往船只
注意标示地。

灯塔位于海岸、
港口或河道。

在雨中巡视的
灯塔守护人

第三章 馈赠与灾难

海贝、海鱼等海鲜是海边居民最容易得到的食物，这是海洋的慷慨馈赠。但是，如果海洋"发起脾气"，也会无情地掀起巨浪，带来可怕的灾难。

吃海鲜

海洋为人类提供着丰富的食材资源，海鲜营养丰富，肉质鲜美。从古到今，人们对这些来自海洋的美味十分眷恋。

海鲜的发展

海鲜，是我们现代人的叫法，在古代，人们称之为"海错"，意思是海里的产物，种类复杂众多。中国食用海鲜的历史悠久，不过因为储藏条件有限，所以只有生活在海边的人或王公贵族才能吃到美味的海鲜。随着生活水平的提高，海鲜已经从贵族的餐桌上走入寻常百姓家。

在古代，海鲜是达官贵人餐桌上的珍馐美味。

古人的海鲜食用指南

在古代，书上有关海鲜的记载包括以下三种：一是饮食养生，二是烹饪技巧，三是海鲜菜品。北魏贾思勰在《齐民要术》中就对海鲜烹饪的时间和火候做了详细记录，南宋孟元老的《东京梦华录》记载了宋人吃海鲜的场面。

舌尖上的美味

海鲜的做法不尽相同，每一种烹调方法都有着其独特的味道。最常用的海鲜烹饪方法就是高温加热，煮、蒸、炖、炒……海鲜可以烧制成各种美味菜肴。

炒蚬子

蒜泥生蚝

▼ 古人在制作海鲜菜

清洗海鲜是有窍门的，用盐水浸泡就是一个好方法。

炖是一种家常做法，主要有炖菜和炖汤两种。

蒸海鲜操作简单，吃起来鲜味十足。

贝类

说起贝类海鲜，种类繁多，扇贝、蛏子、花蛤、牡蛎、河蚬……很多甚至都叫不出名字。贝类海鲜味道鲜美，深受广大人民的喜爱。在几千年前，先民们还"变废为宝"，将吃剩下的贝类加工成工具、饰品，甚至货币。

退潮时，人们到海边赶海。

人们正在海边捡海贝。

退潮后海滩上的贝类

蛤蜊

蛤蜊肉质鲜美，素有"天下第一鲜"的美誉。将蛤蜊用盐水泡上一会儿，让它们吐净泥沙，再下锅翻炒，即便不加调料都鲜香无比。

牡蛎

牡蛎也称为"海蛎子"，它肉质鲜美，营养丰富，被称为"海中牛奶"。原汁原味的吃法是直接将新鲜的牡蛎撬开，挑出里面的牡蛎肉蘸着调好的料汁，慢慢享用。

扇贝

扇贝肉质鲜美，营养丰富，是"八珍"之一。清蒸扇贝、蒜蓉粉丝扇贝、焗烤扇贝等，都是美味的菜肴。

◀ 粉丝扇贝

▲ 爆炒蛤蜊

▲ 清蒸海蛎子

小百科

干贝是扇贝的干制品，其味道与海参、鲍鱼不相上下。古人曾评价："食后三日，犹觉鸡虾乏味。"

蛏子

生蚝

扇贝

象拔蚌，学名"太平洋潜泥蛤"，肉质十分肥美。

鲜美的鱼

海鱼算得上是最常见的海鲜了，先不提它富含的蛋白质、钙、磷、碘等营养物质，只那美味鲜嫩的口感和花样百出的烹饪方法，便足以引得食客趋之若鹜了。

▼ 鲑鱼刺身

洄游的鲑鱼

鲑鱼的卵

游动的金枪鱼

▼ 金枪鱼刺身

▼ 红金枪鱼刺身

▼ 美味的鲳鱼

鲑鱼

鲑鱼也叫三文鱼，是深海鱼类的一种，常用来制作刺身，有很高的营养价值。优质的鲑鱼因为价格昂贵，被称作西餐中的"贵族"。

鲑鱼是非常有名的洄游鱼类。它们原本生活在海里，到了产卵期就会逆流而上，返回江河溪流去繁育后代。在这期间，鲑鱼的身体会变成红色。

金枪鱼

金枪鱼富含蛋白质、矿物质和多种维生素，营养价值很高，是很多食客钟爱的食材。其中，蓝旗金枪鱼更是优质选择。

鳗鲡

鳗鲡的身体细长，长得像蛇一样。别看它长得怪，肉质却十分鲜美，还有极高的营养价值，被称为"水中人参"。把切成小段的鳗鲡烤熟，铺在加了玉米粒、番茄的米饭上，挤上香甜的芝士，再撒上点芝麻孜然，一道香喷喷的鳗鲡饭便做好了。

趴在海底的鳗鲡

鳕鱼

一直以来，鳕鱼都因为脂肪含量低、肉质鲜美、鱼刺较少而备受大众的青睐。鳕鱼属于深海鱼类，有重要的经济价值，其肝脏可以制成鱼肝油。鳕鱼是全世界年捕捞量最大的鱼类之一。

鳕鱼

► 香煎鳕鱼片

切片后的河鲀

► 红烧带鱼

带鱼

▼ 烤鳗鲡

美味的烧烤
老少皆宜，
大家都吃得
津津有味。

在炭火的炙烤下，
鱿鱼"滋滋"冒着
油水，散发出诱人
的香气。

食物在高温炙烤时会
产生美拉德反应，产
生香气物质，形成特
色风味。

海鲜中的"多腿族"

在海鲜世界里有个"多腿族"，它们凭借个性的外表被
人们所熟知，又因鲜香的口感变成了人们餐桌上的美味。

鱿鱼不是鱼

鱿鱼虽然叫"鱼"，但它不是鱼，而
是软体动物。鱿鱼长着大大的脑袋，还有
很多条"触手"——那是它们的腕足。

鱿鱼烤熟后刷上一层辣
酱，撒上少许孜然，香
气扑鼻。

▼ 烤鱿鱼

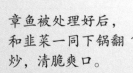

章鱼

章鱼可以说是鱿鱼的"亲戚"，我们
平时称呼它为"八爪鱼"。

▼ 八爪鱼炒韭菜

▼ 清蒸琵琶虾

章鱼被处理好后，
和韭菜一同下锅翻
炒，清脆爽口。

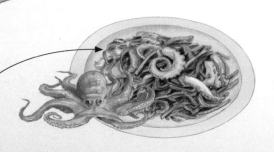

烤熟的海鲜撒上调料，香气扑鼻。

帝王蟹

烤青虾

烤蟹钳

乌贼

金乌贼也叫墨鱼，遇到天敌时会以"喷墨"的方法逃生。乌贼肉质鲜美，具有较高的营养价值，并且富有药用价值。

虾和蟹

龙虾肉质肥美，营养丰富，备受人们的青睐。琵琶虾汁鲜肉嫩，是难得的美味佳肴。小龙虾的鲜嫩口感让人欲罢不能。

螃蟹的肉质鲜嫩，蟹膏味美，一直位于海鲜美食榜的前列。

▲ 龙虾

▼ 乌贼

▼ 虾蟹菜肴

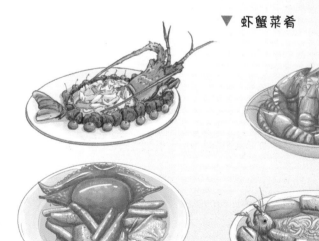

▼ 爆炒花菜墨鱼

防水的服饰

紫菜养殖网

海里的蔬菜

海洋的鲜味不仅有动物类，还有海藻等"海洋蔬菜"，它们的营养价值和陆地蔬菜的营养价值比起来丝毫不逊色。

海带——亲民的海洋蔬菜

海带的含碘量非常高，非常适合缺碘的人食用。海带可以煲汤，也可以腌制，脆实的口感带着些许海水的咸味，好吃又不腻。

紫菜——海里的维生素宝库

紫菜是海中生长的红藻，具有很高的营养价值。紫菜不仅可以用来做汤，将其烤熟之后还可制成备受欢迎的小零食——海苔。

▼ 晾干的海带

▶ 凉拌海带

▼ 紫菜

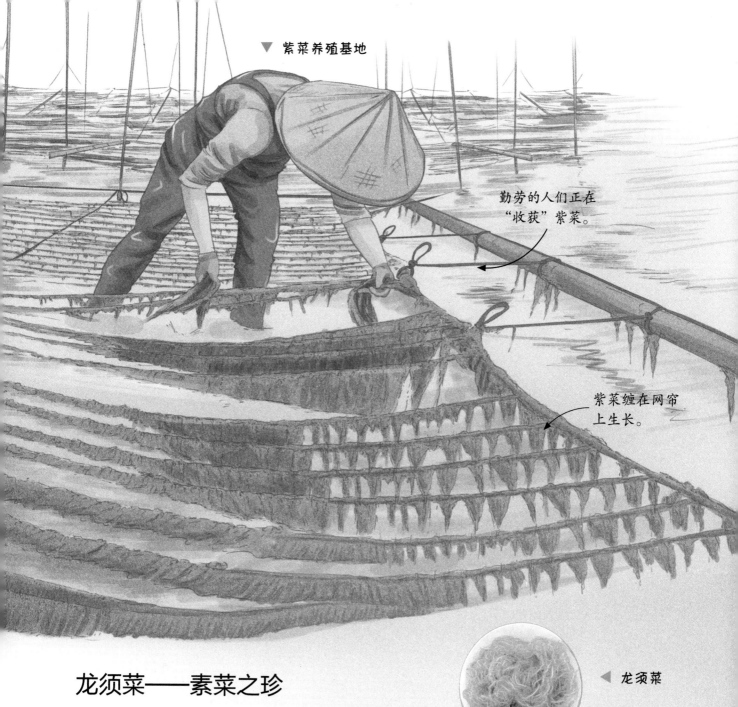

▼ 紫菜养殖基地

勤劳的人们正在"收获"紫菜。

紫菜缠在网帘上生长。

龙须菜——素菜之珍

龙须菜，顾名思义就是长得很像龙胡须的蔬菜。龙须菜的营养价值极高，含有丰富的蛋白质、淀粉和各种微量元素。煮熟的龙须菜加点白糖一拌，放进冰箱冷藏一阵再拿出来吃，凉凉的，甜甜的，非常好吃。

◀ 龙须菜

▼ 海中的石花菜

石花菜——海里的凉粉

石花菜又称红毛菜，丛生呈羽状分枝。它既能拌凉菜，又能做凉粉，口感脆嫩，非常有嚼劲。炎炎夏日，石花菜可是非常好的解暑佳品呢。

石花菜颜色有紫红色、棕红色。

海浪袭来

　　除了慷慨的馈赠，海洋也有自己"脾气"。在海边散步时，经常会有一波一波的海浪拍打在脚上，微微凉的感觉让人很舒服。可如果海浪太大，那它的破坏性就不容小觑了。

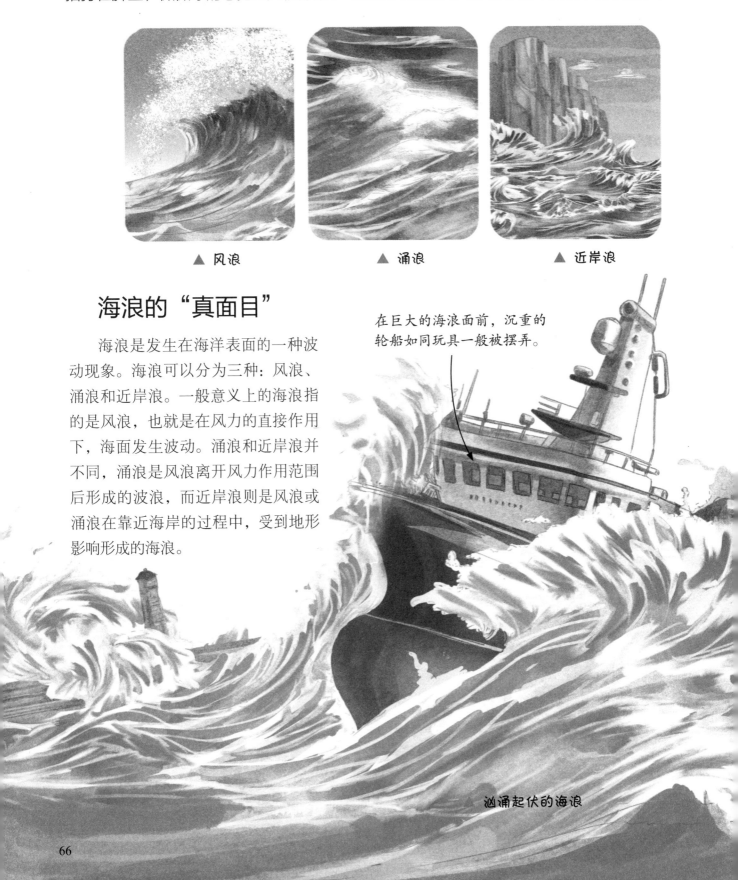

▲ 风浪　　　　　　　▲ 涌浪　　　　　　　▲ 近岸浪

海浪的"真面目"

　　海浪是发生在海洋表面的一种波动现象。海浪可以分为三种：风浪、涌浪和近岸浪。一般意义上的海浪指的是风浪，也就是在风力的直接作用下，海面发生波动。涌浪和近岸浪并不同，涌浪是风浪离开风力作用范围后形成的波浪，而近岸浪则是风浪或涌浪在靠近海岸的过程中，受到地形影响形成的海浪。

在巨大的海浪面前，沉重的轮船如同玩具一般被摆弄。

汹涌起伏的海浪

海浪的等级

根据海浪的浪高，人们进行了详细、科学的分级。在国家海洋环境预报中心的分级中，海浪被分成了10级，其中最低级为0级，最高级为9级。海浪的10个级别是和涌浪的5个级别相对应的。

浪级	风浪名称	涌浪名称	波高范围（m）
0	无浪	无涌	
1	微浪	小涌	$H_{1/3} < 0.1$
2	小浪	小涌	$0.1 \leq H_{1/3} < 0.5$
3	轻浪	中涌	$0.5 \leq H_{1/3} < 1.25$
4	中浪	中涌	$1.25 \leq H_{1/3} < 2.5$
5	大浪	大涌	$2.5 \leq H_{1/3} < 4.0$
6	巨浪	大涌	$4.0 \leq H_{1/3} < 6.0$
7	狂浪	巨涌	$6.0 \leq H_{1/3} < 9.0$
8	狂涛	巨涌	$9.0 \leq H_{1/3} < 14.0$
9	怒涛	巨涌	$H_{1/3} \geq 14.0$

注: $H_{1/3}$ 为有效波高。

警告！海浪来袭

灾害性海浪在近海常能掀翻船舶、摧毁海上工程，给海上航行、施工、军事活动和渔业捕捞等带来危害。为了避免损失，海洋部门会发布海上大风大浪预警，提醒人们加固海上设施等。而我们接到预警后，要及时离开岸边，不要在海边观浪观潮。

小百科

好望角是世界上最危险的航海地段之一。这里时常出现浪高在15~20米的"杀人浪"。如果加上极地风引起的"旋转浪"，还有强大的沿岸流，整个海面就好像沸水一样不停翻滚。

海浪翻涌

海浪是由风产生的波动。

海浪"埋葬"了海船。

海啸连天

海啸是一种具有强大破坏力的海浪，巨大的破坏力可以轻易摧毁陆地上的建筑，威胁人类的安全。

海鸥是海上"天气预报员"。

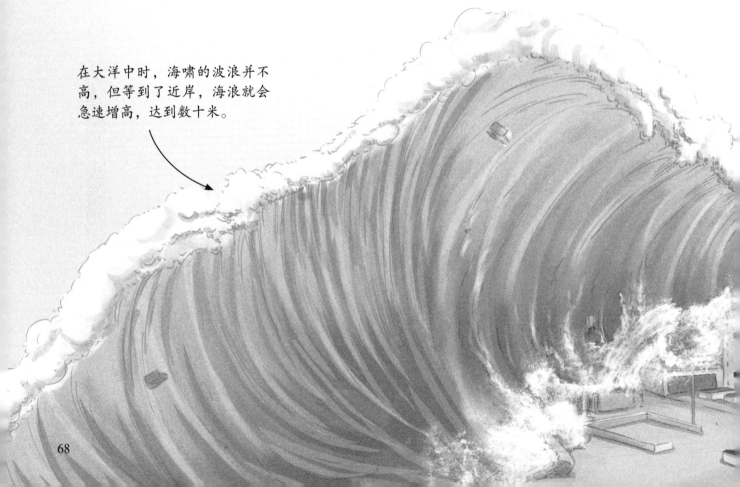

▲ 惊觉海啸预兆而表现异常的海鸟

冷酷无情的海啸

发生海底地震、火山爆发、海底滑坡时，会引起海面大幅度的涨落，这就是海啸。海啸的速度极快，可以在短短几小时内横跨大洋，形成高达几十米的巨浪。

发现蛛丝马迹

海啸发生前其实是有预兆的，比如地震发生，海鸟或者其他动物的行为异常，深海鱼类出现在海滩上，海平面突然大幅度下沉等。如果以上现象出现，那么不要犹豫，赶紧跑向高处，因为海啸要来了！

在大洋中时，海啸的波浪并不高，但等到了近岸，海浪就会急速增高，达到数十米。

海啸过后，很
多植物被连根
拔起。

海啸来袭，受灾人员需
躲在高处，等待救援。

▲ 海啸后

印度洋大海啸

2004 年 12 月 26 日，印度尼西亚苏门答腊岛附近海域发生了 9.1 级的浅源大地震。由此引发的海啸波及了印度洋几乎所有海岸。这次大海啸一共造成超过 30 万人死亡，数百万人无家可归。印度洋大海啸是近两百年来死伤人数最多的海啸灾害。

致命的威胁

海啸的灾害远不止威胁人类的生命和财产安全那么简单，它还会对生态环境造成破坏。海啸淹没农田，盐分极高的海水会腐蚀土壤表层，使土壤养分流失，不容易恢复。此外，海啸还会破坏珊瑚礁、水草等海底食物，令一些海洋生物失去赖以生存的家园，渐渐走向死亡。

▼ 铺天盖地的巨浪涌向城市

巨大的水墙

海啸在几个
小时内就能
跨越大洋。

汹涌的海水
淹没了城市
和街道。

受灾的城市

69

灯塔

翻涌的潮水

肆虐的风暴潮

风暴潮与海啸有些相似，是一种由热带风暴、温带气旋或冷锋过境等引起的海面异常升降的现象。风暴潮来势汹汹，破坏力极大，一旦形成，往往会给沿海城市造成无法预计的灾难性伤害。

风暴潮的形成

当飓风、台风等热带、温带气旋袭过海面时，通常会在海面上空形成一个低温低压区，这时周围不断上升的水蒸气造成了大气扰动，伴随着海面升高、海浪上涌，风暴潮形成。

小百科

潮水一涨一落，合起来叫作"潮汐"。潮汐好像大海的呼吸，是太阳和月亮对海水的引力作用以及地球自转产生的离心力共同引起的。

城市受到潮灾的侵袭。

◄ 验潮站

验潮站是系统记录海区潮位逐日变化过程的观测站。

暴躁的风暴潮

如果风暴潮遇上了天文潮，大幅度的涨潮令沿岸水位暴涨，会爆发特大潮灾。1992 年，我国东部沿海遭受了特大潮灾的侵袭，直接损失 90 多亿元。

监测与预防

为了减轻风暴潮造成的损害，人们建立了验潮站对风暴潮进行监测。同时，人们还在沿海地区建造堤坝、闸坝来抵御潮水。

小百科

风暴潮会造成沿海地区居民的生命财产损失，对滩涂开发和海水养殖带来严重破坏。并且很有可能在风暴潮过后，出现瘟疫、土地盐碱化、粮食作物失收和饮用水源污染等灾害。

风暴潮引发的海浪涌上堤坝。

局部地区水位迅速升高。

海洋"垃圾场"

▼ 各种海洋垃圾

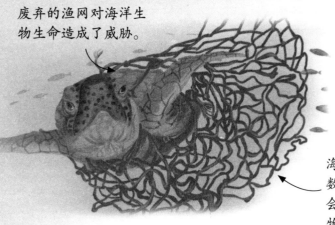

随着人类社会的发展，工业活动和海上活动日益频繁，人类有意或无意把人造或经加工的物质投入海洋，严重影响了海洋生态。

人造"垃圾场"

说起海洋，大多数人想到的应该是蔚蓝清澈，生机勃勃。但现实令人触目惊心，很多海域成了人造"垃圾场"。据估计，迄今海洋有超过1.5亿吨的塑料垃圾。

▼ 被废弃渔网缠住的海龟

废弃的渔网对海洋生物生命造成了威胁。

海洋里的废弃渔网有些长达几千米，每年都有数千只海豹、海狮等被其缠住而淹死，同时还会伤害到鲨鱼、海豚和其他大型鱼类与哺乳动物。

▼ 到海边捡垃圾

海岸垃圾泛滥，我们应该从源头保护环境。

保护海洋迫在眉睫

海洋污染日益严重，保护海洋环境迫在眉睫。其实我们能做的事有很多，比如少制造一些白色垃圾，少排放一些生活污水等。为了保护我们的蓝色家园，我们需要付出更多努力。

▼ 酸水海洋中，鱼儿艰难地生活着

小百科

海水为什么会"变酸"呢？这和人类在生产生活中大量燃烧化石燃料有关。在过去的20年里，全球产生的 CO_2 约有一半被海洋吸收，海水的酸性增加，令很多浮游生物、软体动物以及鱼类面临灭顶之灾。

大气污染

▼ 海岸上的垃圾

工厂废水被排进海洋里。

水体污染

人类遗弃的各种垃圾
被冲上岸，在海岸上
制造了超级垃圾场。

塑料垃圾难以降解，
带来环境危害。

生活垃圾